CONTRIBUTIONS A LA FAUNE MALACOLOGIQUE FRANÇAISE

V

NOTE

SUR LES

HÉLICES FRANÇAISES

DU

GROUPE DE L'HELIX NEMORALIS

PAR

ARNOULD LOCARD

LYON
IMPRIMERIE PITRAT AINÉ
4, RUE GENTIL, 4

1882

NOTE

SUR

LES HÉLICES FRANÇAISES

DU

GROUPE DE L'HELIX NEMORALIS

Extrait des *Annales de la Société Linnéenne de Lyon*
tome XXIX, année 1882

CONTRIBUTIONS A LA FAUNE MALACOLOGIQUE FRANÇAISE

V

NOTE

SUR LES

HÉLICES FRANÇAISES

DU

GROUPE DE L'HELIX NEMORALIS

PAR

ARNOULD LOCARD

LYON

IMPRIMERIE PITRAT AINÉ

4, RUE GENTIL, 4

—

1882

V

NOTE

SUR

LES HÉLICES FRANÇAISES

DU

GROUPE DE L'HELIX NEMORALIS

Parmi les Hélices françaises, il en est peu qui soient aussi communes et aussi répandues que certaines formes du groupe de l'*Helix nemoralis*. Et pourtant il en est peu aussi qui aient été plus mal interprétées par la plupart des auteurs français. Nous nous proposons, dans cette note, de faire connaître et de préciser les caractères spécifiques propres à chacune des formes aujourd'hui admises dans ce groupe.

HISTORIQUE DU GROUPE

Lorsque Linné, en 1758, créa le type du groupe sous le nom d'*Helix nemoralis*, vulgairement connu en Danemark sous le nom de *Skovsnekken*, en allemand *die walde Schnecke*, et en français *la Livrée*, la diagnose qu'il en donna était assez générale pour comprendre un certain nombre de formes affines: « *Helix testa imperforata, subrotunda, lævi, diaphana, fasciata, apertura subrotonda, lunata* » (1). Une telle défi-

(1) Linné, 1758. *Systema naturæ*, édit. X, I, p. 773.

nition pouvait s'appliquer non seulement à toutes les formes aujourd'hui admises dans ce groupe, mais même encore à bien d'autres formes appartenant à des groupes voisins. En même temps, il renvoyait aux descriptions et aux figurations de Lister (1). Or, l'examen de ces figures qui toutes laissent beaucoup à désirer sous le rapport de la fidélité et de l'exactitude, montre bien que Linné avait dû confondre sous une seule et même dénomination, au moins deux formes différentes aujourd'hui désignées sous les noms d'*Helix hortensis* et *H. nemoralis*, habitant toutes les deux l'Europe septentrionale dont la faune était plus particulièrement connue de Linné.

Müller, le premier, en 1774, éleva au rang d'espèce une forme *minor* que soit Linné, soit d'autres auteurs avaient reconnue avant lui. Après avoir relevé à ce sujet un lapsus de Linné qui a appelé *major*, l'*Helix grisea labro albo*, et *minor* l'*Helix flava labro fusco*, voici sur quels caractères Müller base sa distinction spécifique :

« Parmi les caractères qui, au premier aspect, portent à séparer l'*Helix hortensis* de l'*H. nemoralis*, je signalerai d'abord la petitesse (en effet, à l'état adulte, la première est toujours moins grande), puis l'éclat de la coquille et la couleur du labre qui est toujours fauve chez l'*Helix nemoralis* ou *major*, et blanc chez l'*Helix hortensis* ou *minor*. J'ajoute que, pendant plusieurs années d'observation, il ne m'est jamais arrivé de trouver des intermédiaires entre les variétés de l'*Helix hortensis* et celles de l'*Helix nemoralis* » (2).

Ainsi donc, pour le créateur de l'espèce, l'*Helix hortensis* diffère de l'*Helix nemoralis*, d'abord par la différence de taille, puis par l'éclat du test, enfin par la coloration du péristome. En outre, il a soin de renvoyer pour chacune de ces deux espèces aux différentes figurations de Lister, de Gève, de Schröter, de Gualtieri, etc., tous auteurs qui, sans employer la méthode binominale créée par Linné, ont donné des représentations de ces deux formes avec leurs différentes variétés.

Draparnaud est véritablement le seul auteur français qui ait bien compris ces deux coquilles. Avant lui, en France, Geoffroy (3) en décrivant sa *Livrée* n'avait pas fait mention des caractères du péristome. Mais il est à remarquer que, dans les planches de Duchesne, planches que

(1) Lister, 1678. *Hist. anim. Angliæ*, p. 116, pl. II, f. 3. — 1785. *Hist. syn. meth. conch.*, pl. 57, f. 54. — 1694. *Exerc. anatom.*, t. V, f. 1-3.

(2) Müller, 1774. *Verm. terr. fluv. hist.*, II. p. 53.

(3) Geoffroy, 1767. *Traité sommaire des coq. env. Paris*, p. 31.

l'on trouve quelquefois jointes à l'ouvrage de Geoffroy, la *Livrée* figurée pl. II, fig. 5 et 6, est une coquille de grande taille à péristome blanc et sans tache ombilicale.

Draparnaud, dans son *Histoire des mollusques*, a très bien séparé et divisé ces deux formes de l'*Helix nemoralis* et *H. hortensis;* non seulement il en distingue exactement les caractères généraux, mais encore il montre les différences qui existent dans la taille, dans le galbe, dans le nombre des tours, dans la coloration aperturale.

Quant aux caractères de coloration du péristome, il a bien soin de ne pas y attacher autant d'importance que Müller voulait leur en accorder. Il dit dans une note : « De même que l'on rencontre, quoique bien rarement, l'*Hélice némorale* avec un péristome et un bourrelet blanc, de même on trouve quelquefois l'*Hélice des jardins* avec un bord jaunâtre ; ce qui semblerait confondre ces deux espèces, d'ailleurs très ressemblantes l'une à l'autre. Cependant elles sont distinctes ; car on ne les voit guère mêlées dans l'accouplement ; c'est une remarque de M. Faure-Biguet » (1).

Il est bien probable que fort peu de malacologistes français ont pris soin de lire cette note, et même le texte de Müller, car, pour la plupart, ils se sont bornés à classer sous le vocable d'*Helix nemoralis* toutes les coquilles de ce groupe à péristome brun, et sous celui d'*Helix hortensis* toutes les formes à péristome blanc, sans tenir compte le moins du monde des autres caractères spécifiques. De là une épouvantable confusion de formes bien distinctes et bien différentes.

Ainsi, en 1838, Deshayes, dans la seconde édition de Lamarck, voulut confondre en une seule et même forme les *Helix nemoralis, H. hortensis* et *H. sylvatica*. « Nous avons rassemblé, dit-il, une grande série de variétés des trois espèces *nemoralis*, *hortensis* et *sylvatica*, et nous y voyons des passages assez nombreux les uns avec les autres, pour avoir l'opinion que ces trois espèces n'en forment qu'une seule (2). »

Et pourtant, plus tard, le même savant auteur, en publiant le texte de l'*Histoire naturelle des mollusques* laissé inachevé par de Ferussac, admet au rang d'espèces ces trois mêmes formes, en en donnant de bonnes descriptions.

(1) Draparnaud, 1804. *Histoire des mollusques*, p. 96.

Déjà dans son *Tableau des mollusques*, p. 81, ouvrage aujourd'hui fort rare, on voit que Draparnaud admettait une telle modification des caractères donnés par Linné ou Müller, puisqu'il cite une var. f. jaune, marquée de cinq bandes peu colorées, péristome réfléchi, *blanc*, large, etc.

(2) Deshayes, 1838. *In Lamarck, Anim. sans vert.*, t. VII, p. 96.

Moquin-Tandon, en 1855, après avoir décrit d'une façon fort incomplète l'*Helix nemoralis*, en est réduit à copier textuellement la même diagnose lorsqu'il arrive à l'*Helix hortensis*, en se bornant à changer le nombre des tours, les dimensions de la coquille et la couleur du péristome. Puis il ajoute à propos de l'*Helix hortensis :* « Cette espèce n'est bien certainement qu'une forme de l'*Helix nemoralis ;* la plupart des malacologistes modernes ont du moins cette opinion ; les différences qui la séparent de cette dernière sont sa taille plus petite, et son péristome d'un blanc pur (1). »

Comment se fait-il alors, après un tel dire, que Moquin-Tandon qui n'a jamais eu en vue qu'une étroite simplification de la malacologie française, ait admis ces deux espèces au même rang? Comment ne les a-t-il pas réunies sous une même dénomination, comme il l'a fait si souvent et si malheureusement pour tant d'autres espèces ou prétendues espèces de notre faune?

C'est que Moquin-Tandon, il faut bien le reconnaître, plus fort et plus habile lorsqu'il s'agit de faire l'anatomie d'un mollusque que lorsqu'il faut en établir la diagnose, a bien su trouver entre ces deux formes des différences anatomiques suffisantes chez l'animal pour les séparer spécifiquement, mais sans savoir en faire convenablement ressortir la valeur.

Pour M. l'abbé Dupuy, l'*Helix hortensis* a son « animal entièrement semblable à celui de l'*Helix nemoralis*, mais d'ordinaire un peu plus délicat ». Quant à la coquille, elle est « entièrement semblable à celle de l'*Helix nemoralis*, mais ordinairement un peu plus petite et toujours à péristome blanc (2). »

Ainsi donc, pour borner nos citations aux auteurs qui ont écrit les raités généraux les plus autorisés sur la malacologie française après Draparnaud, il faudrait bannir à jamais ce nom d'*Helix hortensis*, ou tout au plus lui rapporter toutes les Hélices du groupe, ornées d'un péristome blanc. Quant aux auteurs des nombreuses monographies des faunes locales françaises, ils ont pour la plupart suivi les mêmes errements, de telle sorte qu'aujourd'hui il est souvent bien difficile de se rendre compte, d'après eux, de la véritable dispersion géographique des deux formes qui nous occupent.

A l'étranger, en Angleterre et en Allemagne, ces formes ont été mieux

(1) Moquin-Tandon, 1855. *Histoire des mollusques*, II. p. 169.
(2) Dupuy, 1848. *Histoire des mollusques*, p. 138.

comprises. Montagu (1), en 1803, après discussion de la question, se basant sur les mêmes données que Müller, conclut en déclarant que les deux formes de l'*Helix nemoralis* et *H. hortensis* sont « parfaitement distinctes ».

Carl Pfeiffer, en 1821 (2), distinguant l'*Helix nemoralis* de l'*H. hortensis* nous montre, dans sa planche II, fig. 11, un *Helix nemoralis*, dont le péristome n'est pas coloré en brun, comme celui de la figure 10 ; et plus tard, en 1828, il figure dans sa planche III, fig. 2, l'*Helix nemoralis labro albo*, et, fig. 7, l'*Helix nemoralis labro roseo*.

Rossmässler, en 1833, dans la première planche de son *Iconographie*, fig. 6, avait bien représenté l'*Helix hortensis* avec un péristome blanc ; mais, plus tard, en 1837, il donne, pl. XXII, fig. 299, un autre *Helix hortensis* avec un péristome brun.

Ludovic Pfeiffer admet d'abord, en 1848 (3), l'*Helix hortensis* comme variété β, *peristomate albo vel roseo, plerumque minor* de l'*Helix nemoralis ;* mais, plus tard, en 1853 (4), il distingue ces deux formes et en fait deux espèces. Dans Martini et Chemnitz (5), il figure, en 1846, un *Helix nemoralis* (fig. 16), à péristome blanc et sans tache ombilicale et deux *Helix hortensis* (fig. 20 et 23), avec des péristomes colorés.

Enfin, dans les publications plus récentes de MM. Clessin, Kobelt, Kreglinger, Turton, Westerlund, etc., nous voyons ces deux formes admises au rang d'espèce.

Quant à l'*Helix sylvatica*, décrit par Draparnaud (6), Deshayes est le seul auteur qui ait mis en doute la validité de cette espèce en proposant de la confondre avec les *Helix nemoralis* et *H. hortensis*. Plus tard, du reste, dans la publication de Ferussac (7), il est revenu comme nous l'avons vu, sur ses premières conclusions. La plupart des auteurs français ou étrangers qui ont eu en main de bons échantillons de cette coquille n'ont pas hésité à la considérer comme une bonne espèce.

Dans ce même groupe, M. l'abbé Dupuy avait cru reconnaître pour la faune française (8) une forme qui jusqu'alors avait été considérée comme essentiellement étrangère, l'*Helix Vindobonensis* (9).

(1) Montagu, 1803. *Testacea britannica*, II, p. 413.
(2) Carl Pfeiffer, 1821-28. *Syst. Land- und Wasser-Schnecken.*
(3) L. Pfeiffer, 1848. *Monogr. Helic. vivent.*, t. I, p. 276.
(4) L. Pfeiffer, 1853. *Monogr. Helic. vivent.*, t. III. p. 135.
(5) Martini und Chemnitz, 1846. *Die Gattung Helix*, pl. 118.
(6) Draparnaud, 1801. *Tabl. moll.*, p. 79. — 1804. *Hist. moll.*, p. 93, pl. VI, f. 1-2.
(7) De Ferussac. *Hist. nat. moll.*, t. I, p. 222.
(8) Dupuy, 1848. *Hist. moll.*, p. 130.
(9) C. Pfeiffer, 1828. *Syst. Land- und Wasser-Schnecken*, t. III, p. 15, pl. IV, f. 6-7.

Tout récemment, M. Bourguignat (1) a définitivement rectifié cette erreur, en établissant dans ce même groupe une espèce nouvelle, l'*Helix subaustriaca*, différente des formes jusqu'alors connues, et devant correspondre, comme on le verra plus loin, au prétendu *Helix Vindobonensis* de M. l'abbé Dupuy.

Pour terminer cet historique du groupe de l'*Helix nemoralis*, rappelons encore que quelques auteurs avaient cru devoir établir dans ce même groupe d'autres formes basées soit sur la coloration, soit sur des modifications peu importantes. Ces différentes formes sont aujourd'hui unanimement considérées comme de simples synonymes. Telles sont notamment : les *Helix helicogena*, *libellula*, *imperfecta* et *olivacea* de Risso (2), les deux premières rapportées à l'*Helix nemoralis* et la troisième à l'*Helix sylvatica* (3) ; les *Helix hybrida* et *H. fusca*, de Poiret (4), simples variétés de l'*Helix hortensis*, etc. (5).

Ainsi donc, le groupe français de l'*Helix nemoralis* comprend actuellement quatre formes :

Helix nemoralis, Linné ;
— *hortensis*, Müller ;
— *subaustriaca*, Bourguignat ;
— *sylvatica*, Draparnaud.

Nous allons établir les rapports et différences qui existent entre chacune de ces différentes formes.

Mais auparavant, il importe de préciser sur quelles bases les caractères distinctifs ou spécifiques doivent être établis. Selon nous, pour qu'une espèce soit valable, pour qu'elle constitue réellement une manière d'être spécifiquement différente d'une espèce donnée, il faut qu'elle présente une somme de conditions élémentaires, suffisamment distinctes de celles déjà reconnues et admises pour ses congénères.

En outre, ces caractères doivent être tels, qu'après la fossilisation de l'individu, ils soient encore distincts. En d'autres termes, nous ne saurions admettre comme caractère spécifique d'une coquille, des conditions basées sur des éléments non constants, et que la fossilisation peut faire

(1) Bourguignat, 1880. *Descript. moll. Saint-Martin-de-Lantosque*, p. 1.
(2) Risso, 1826. *Hist. nat. Eur. mérid.*, t. IV, p. 62 et 63, n° 134, 135 et 136.
(3) Bourguignat, 1861. *Étude syn. moll. Alpes-Marit.*, p. 3.
(4) Poiret, 1801. *Coq. fluv. terr. de l'Aisne, Prodr.*, p. 1.
(5) Pour la synonymie de chacune de ces espèces, nous renvoyons le lecteur à notre *Prodrome de malacologie française*.

disparaître, comme les accidents épidermiques, la coloration du test, du péristome ou de l'ombilic.

Il faut évidemment distinguer une espèce donnée, d'une autre espèce voisine, quel que soit son état, qu'elle soit vivante ou fossile. Si lorsqu'elle est vivante, sa coloration ou toute autre manière d'être passagère ou transitoire peut nous seconder dans nos déterminations, nous devons évidemment en tenir compte et nous en servir. Mais il est bien certain que puisqu'il faut arriver à classer les formes fossiles aussi bien que les formes vivantes, les caractères spécifiques devront être tels qu'ils subsistent encore même après la fossilisation du test.

Ceci étant établi, et étant donnée la forme-type primitive de l'*Helix nemoralis,* examinons si les autres formes françaises de ce groupe remplissent bien de pareilles conditions.

HELIX NEMORALIS, Linné

Helix nemoralis, LINNÉ. — LOCARD, 1880. *Prodr. malac. franç.*, p. 56.

OBSERVATIONS. — Après les descriptions qui ont été données par Draparnaud, par Pfeiffer, par Westerlund et bien d'autres, il nous semble inutile de revenir sur la diagnose d'une forme aussi connue. Nous ne chercherons donc pas à en formuler une nouvelle ; mais comme l'*Helix nemoralis* est très polymorphe, nous croyons intéressant de montrer en quoi et comment il peut varier. Il existe, en effet, chez cette coquille, un grand nombre de variétés ou modifications plus ou moins complexes, affectant le galbe général ou l'allure du test, et des sous-variétés basées sur des modifications épidermiques, par conséquent de moindre importance et pouvant disparaître avec la fossilisation.

VARIÉTÉS. — La taille varie chez l'*Helix nemoralis* suivant l'habitat. Les sujets du Midi sont généralement plus gros que ceux du Nord. La hauteur totale peut varier de 12 à 29 millimètres et le diamètre de 18 à 32. Ces dimensions extrêmes que nous donnons d'après des sujets de notre collection se rapportent, pour la forme la plus petite à un individu de Manonville, dans la Meurthe-et-Moselle, et, pour la forme la plus grosse, à un spécimen des Pyrénées-Orientales. Mais, entre de telles limites, il y a place, comme on le voit, pour une foule d'intermédiaires.

Le galbe est tout aussi variable que la taille. Il existe des var. *depressa* et des var. *alta*, chez des sujets de toutes tailles. Mais, en général, les formes les plus extrêmes semblent le propre de certains individus, plutôt que d'une colonie entière. Nous avons cependant indiqué dans un autre travail (1) une var. *depressa* bien caractérisée, et manifeste chez une colonie tout entière.

Pour mieux faire comprendre ces variations dans la taille et le galbe, nous donnons ici quelques dimensions comparatives de hauteur totale et de diamètre maximum, et nous renvoyons à la planche V donnée dans le même ouvrage :

S. VARIÉTÉS	LOCALITÉS	HAUTEUR	DIAMÈTRE
* *Quinquefasciata*	Pyrénées-Orientales	29,00	32,00
* *Libellula*	Basses-Pyrénées	28,50	30,00
Quinquefasciata	Pyrénées-Orientales	25,00	28,00
Rumphia	Isère	23,00	28,00
* *Libellula*	Rhône	19,50	27,50
Olivia	Ain	15,00	20,50
Quinquefasciata	Savoie	14,50	23,50
Listeria	Rhône	14,00	18,50
Poupartia	Côte-d'Or	13,25	18,00
Libellula	Meurthe-et-Moselle	12,00	18,00

Les trois individus marqués du signe * ont le péristome blanc et sont dénués de tache ombilicale.

Sous-variétés. — Les sous-variétés que l'on peut établir pour l'*Helix nemoralis* sont pour ainsi dire indéfinies. Elles portent sur la coloration de la coquille qui peut être brune, fauve, rouge, rose, violacée, olivâtre, jaune ou blanche ; sur la présence ou l'absence de bandes colorées de largeur variable, diversement groupées, libres ou soudées, continues ou discontinues, opaques ou transparentes, etc., sur la coloration du péristome.

Quelques auteurs ont essayé de déterminer le nombre de sous-variétés possibles ; adoptant à ce point de vue le mode de classification proposé par Moquin-Tandon (2), mode qui nous paraît le plus rationnel ; on peut grouper les sous-variétés ainsi qu'il suit :

1° Coquilles à bandes très distinctes ;

2° Coquilles à bandes soudées ;

3° Coquilles à bandes interrompues réduites à des taches ou à des points ;

(1) A. Locard, 1880. *Études var. malac.*, I, p. 172.

(2) Moquin-Tandon, 1855. *Hist. moll.*, t. II, p. 165 et 170.

4° Coquilles à bandes transparentes ;

5° Coquilles sans bandes.

Dans les environs de Lyon, où l'*Helix nemoralis* est très répandu, nous avons compté plus de cent sous-variétés.

Quant au péristome, il peut être noir, violacé, fauve, rosé ou blanc ; quelquefois même, on trouve des individus chez lesquels le péristome a deux couleurs ; telle est la var. φ, *bimarginata* de Picard (1). Le plus souvent, le péristome est noir, ou tout au moins d'un brun très foncé. Les autres colorations sont plus rares, mais ce ne sont pas de simples accidents ; ce sont, bien au contraire, des manières d'être propres à des colonies entières. Nous avons constaté un tel fait à bien des reprises, et nous pouvons citer dans le bassin du Rhône l'existence d'un certain nombre de colonies dans lesquelles toutes les coquilles de l'*Helix nemoralis* ont le péristome ou blanc ou rosé. Dans d'autres colonies, il est vrai, on trouve à la fois des sujets de même taille, de même galbe, et toujours se rapportant bien exclusivement à l'*Helix nemoralis* et dans lesquels le péristome est tantôt noir, tantôt brun, tantôt violacé ou blanc. Ajoutons que dans ces différentes colonies nous n'avons pas observé un seul *Helix hortensis*, et que ces *Helix nemoralis* affectaient ce caractère de régularité et de constance dans le galbe, qui est le propre d'une colonie définitivement fixée, et se reproduisant toujours dans les mêmes conditions tant que le milieu ne vient pas à se modifier.

Ce péristome blanc ou rosé s'observe surtout chez les sous-variétés monochromes d'un beau jaune, correspondant à la sous-variété *Libellula* de Moquin-Tandon ; c'est du moins ce que nous avons observé le plus souvent dans la partie centrale du bassin du Rhône, et aux environs de Paris. Mais à mesure que l'on descend vers le Midi, le fait du péristome blanc paraît encore plus fréquent. Nous avons reçu de Bollène, dans Vaucluse, nombre d'individus de belle taille de l'*Helix nemoralis*, à bandes ponctuées ou à bandes transparentes, ayant tous le péristome blanc. Enfin, nous rappellerons que, soit dans les Pyrénées-Orientales, soit dans les Hautes-Pyrénées, on trouve de splendides sujets de l'*Helix nemoralis* à bandes ou sans bandes, et avec le péristome entièrement blanc.

Quant à la tache ombilicale, elle subit les mêmes variations que le péristome. Chez les sujets à péristome noir ou brun, la tache ombilicale est également noire ou brune ; lorsque le péristome est violacé ou rosé,

(1) Picard, 1840. *Moll. Somme.* in *Bull. soc. Linn. Nord*, t. I.

la tache est atténuée. Enfin elle disparaît complètement chez les individus dont le péristome est blanc. Mais nous ne connaissons point de coquilles chez lesquelles il y ait une tache ombilicale et dont le péristome soit blanc. Il y a donc une corrélation des plus directes entre la coloration du péristome et celle de la tache aperturale.

De tout ce qui précède, il résulte ce fait que la coloration du péristome est essentiellement variable ; qu'elle varie chez les sujets de toute taille, de tout galbe ; en dehors donc de ce fait qu'elle ne peut, après la fossilisation, donner aucun caractère spécifique, son peu de régularité et de constance ne saurait la faire admettre comme criterium certain dans la détermination spécifique de l'*Helix nemoralis,* ainsi que l'avaient prétendu un grand nombre d'auteurs.

Habitat. — L'*Helix nemoralis* vit à peu près dans toute la France. Mais il est en général plus particulièrement répandu dans la France septentrionale et moyenne que dans le Midi. A mesure que l'on descend dans le Midi, il paraît plus localisé. Par la vallée du Rhône, il s'étend jusqu'à la Méditerranée, et nous le retrouvons encore dans le Var. On le rencontre dans les Pyrénées, mais il devient de plus en plus rare à mesure que l'altitude s'élève.

C'est une forme propre aux régions des plaines basses et des vallées; dans les Alpes, il ne s'étend pas normalement au delà de 1.200 à 1.300 mètres. Cependant on l'a parfois rencontré accidentellement jusque près des glaciers, notamment dans l'Isère. Mais, dans toutes les régions montagneuses, il est toujours en colonies moins populeuses et moins dispersées, tandis que dans les plaines basses et les vallées, on le récolte en grande abondance.

De préférence on le trouve sur les formations calcaires des terrains jurassiques et crétacés, ou même sur les dépôts tertiaires. Plus rarement il vit sur les terrains granitiques; dans ce cas, sa coquille devient mince et transparente, et n'atteint jamais une bien grande taille.

Origine. — Quant à son origine, nous le voyons apparaître pour la première fois à l'époque du pleistocène moyen, dans les tufs de Cannstadt du Wurtemberg, de Weimar dans le grand duché de Saxe, de Mühlausen et Burgtonna en Thuringe. En France, il est signalé pour la première fois dans le bassin de Paris, soit dans les dépôts à *Belgrandia*, et *Lartetia*, soit dans les tufs de La Celle, près Moret, dans Seine-et-Marne Ce n'est qu'à la fin de l'époque quaternaire qu'on le voit apparaître dans les dépôts du Lehm, et des argiles lacustres de la vallée du Rhône.

HELIX HORTENSIS, Müller

Helix hortensis, Müller. — Locard, 1880. *Prodr. malac. franç.*, p. 57.

Rapports et différences. — Étant admis la forme type de l'*Helix nemoralis*, examinons quels rapports et différences existent entre l'*Helix hortensis* et cette espèce.

L'*Helix hortensis* a une incontestable affinité avec l'*Helix nemoralis;* comme lui, il présente des variations dans le galbe et la taille, et offre des sous-variétés similaires. Mais en même temps il en diffère par un grand nombre de points qui permettent toujours de le séparer et de le distinguer; en outre, son habitat, comme son mode de dispersion sont différents.

L'*Helix hortensis* diffère de l'*Helix nemoralis:*

1° Par sa *taille plus petite;* l'*Helix hortensis*, comme l'a fait observer Müller, son créateur, est toujours de petite taille; sa hauteur varie entre 10 et 18 mill., et son diamètre maximum est de 14 à 20 mill. Il existe bien des individus appartenant à l'*Helix nemoralis* et qui sont, comme nous l'avons vu, également de petite taille; à ce point de vue, ils pourraient être confondus avec l'*Helix hortensis;* mais comme ils affectent d'autres caractères particuliers que nous allons examiner, il sera toujours possible de les distinguer. Réciproquement, on trouve également des *Helix hortensis* dont la taille égale celle de certains *Helix nemoralis*, mais ce sont là de simples exceptions.

2° Par son *galbe plus globuleux;* chez l'*Helix hortensis*, la coquille est plus ramassée, en quelque sorte plus trapue, plus arrondie que chez l'*Helix nemoralis;*

3° Par le *nombre des tours de la spire;* on compte, en effet, chez l'*Helix nemoralis* cinq tours à cinq tours et demi, tandis que chez l'*Helix hortensis* il y a toujours un demi-tour de moins.

4° Par la *hauteur proportionnelle plus grande;* si l'on compare la hauteur totale maximum au plus grand diamètre, on voit que chez l'*Helix hortensis*, cette hauteur totale est toujours plus grande que chez l'*Helix nemoralis*, et partant le rapport de ces deux cotes toujours plus petit.

5° Par une *spire plus conique;* les formes déprimées sont toujours beaucoup plus rares chez l'*Helix hortensis* que chez l'*Helix nemoralis;* en revanche, les formes hautes à spire élevée sont plus communes chez l'*Helix hortensis*. En général, chez l'*Helix hortensis*, la hauteur de la spire au-dessus du plan perpendiculaire à l'axe de la spire et passant par le milieu de l'ouverture est plus grande que chez l'*Helix nemoralis.*

6° Par la *plus grande hauteur des tours de spire;* par suite de la plus grande élévation de la spire et du nombre de ses tours, chaque tour de spire, chez l'*Helix hortensis*, est proportionnellement plus haut que chaque tour correspondant chez l'*Helix nemoralis.*

7° Par la *forme plus arrondie des derniers tours;* chez l'*Helix hortensis*, le dernier tour, à sa naissance, est toujours plus arrondi, plus globuleux; vers l'ouverture, il conserve ce même caractère; chez l'*Helix nemoralis*, au contraire, ce même tour, à sa naissance, est ordinairement plus déprimé; sa section transversale est plus elliptique : enfin, vers l'ouverture, et par suite même de la forme de cette ouverture, il est nécessairement moins arrondi que chez l'*Helix hortensis.*

8° Par la *forme de l'ouverture;* Draparnaud a fait observer que pour l'*Helix nemoralis*, l'ouverture était un peu plus haute que large, tandis que celle de l'*Helix hortensis* était un plus peu longue que large ; l'*Helix nemoralis*, sauf de rares exceptions, a son ouverture plus allongée dans le sens de la longueur perpendiculaire à l'axe de la coquille; sa forme est elliptique, tandis que celle de l'*Helix hortensis* est plus arrondie dans son ensemble.

9° Par la *disposition du bord columellaire;* l'*Helix nemoralis* a le bord columellaire de son ouverture toujours droit, sur une longueur plus grande que la moitié du grand axe de cette ouverture, comptée à partir de l'ombilic, tandis que chez l'*Helix hortensis*, ce même bord est plus arrondi; et si dans quelques individus on retrouve cette même partie droite, elle est toujours plus courte que la moitié de la longueur totale du grand axe de l'ouverture.

10° Enfin par la *saillie du bord columellaire;* toujours, chez l'*Helix nemoralis*, on observe, sur le milieu de la partie droite du bord columellaire, un pli ou une petite saillie logée dans l'ouverture; cette saillie peut faire défaut chez l'*Helix hortensis*, ou lorsqu'elle existe, elle est toujours proportionnellement beaucoup moins considérable.

Tels sont, dans leurs détails, les caractères différentiels de ces deux formes. Ils sont nombreux, comme on le voit, et reposent sur l'observation d'un très grand nombre d'individus, pris non pas isolément, mais dans leur ensemble. Il peut arriver que, dans l'individualité, un ou plusieurs de ces caractères fassent défaut; dans ce cas, il en reste toujours assez d'autres pour que l'on puisse distinguer facilement ces deux espèces, et cela sans avoir recours aux caractères donnés par les dispositions épidermiques.

Si des caractères différentiels fournis par la coquille nous passons à ceux que nous donne l'animal, il nous suffira, pour les caractères extérieurs, de renvoyer aux descriptions très complètes et très exactes des facies généraux extérieurs de l'animal données par Moquin-Tandon (1). Quant aux caractères anatomiques internes, ils ont été établis et figurés avec un soin tout particulier par Lehmann et par A. Schmidt (2). Nous croyons inutile, après de tels travaux, de nous étendre davantage sur un pareil sujet.

VARIATIONS. — Les variations que l'on peut observer chez l'*Helix hortensis*, sont sensiblement les mêmes que celles de l'*Helix nemoralis*, avec cette différence pourtant que dans la taille nous ne retrouvons pas les mêmes écarts que ceux que nous avons signalés. En général, l'*Helix hortensis* a un galbe plus régulier, plus constant ; ses variations propres à des colonies existent bien, il est vrai, mais avec des caractères moins tranchés, moins exagérés ; son galbe tend à s'élever et non à s'abaisser, tandis que sa taille présente des variations dont nous allons donner quelques exemples :

S.-VARIÉTÉS	LOCALITÉS	HAUTEUR	DIAMÈTRE
Lutea	Meurthe-et-Moselle	18,00	20.00
Baudonia	Côte-d'Or	17,25	19,50
Quinquevittata	Rhône	16,00	20,50
Quinquevittata	Savoie	14,00	19,75
Philibertia	Rhône	11,75	16,00
Aleronia	Jura	10,00	14,50

Quant aux sous-variétés, elles sont absolument les mêmes que celles que l'on constate chez l'*Helix nemoralis;* le nombre des bandes, leur allure, leur disposition sont exactement les mêmes. Toutefois nous ferons observer que certaines de ces sous-variétés sont beaucoup plus communes chez l'*Helix hortensis* que chez l'*Helix nemoralis*. Telles sont, par exemple, les sous-variétés correspondant aux formules suivantes : 100/40 ; 100/05 ; 103/45 ; 100/45 ; 103/05 ; 003/:5 ; 00:/::; etc.

(1) Moquin-Tandon, 1855. *Hist. moll.*, II, p. 182 et 168.

(2) Lehmann, 1873. *Die lebenden Schnecken und Muscheln... ihres Anatom. Baues*, p. 110, pl. XII, f. 39 *(H. nemoralis)*; et p. 119, pl. XII, f. 40 *(H. hortensis)*.

A. Schmidt, 1855. *Der Geschlechts-Apparat d. Stylommatophorea*, p. 19, pl. III, f. 16 *(H. nemoralis)*; et p. 19, pl. III, f. 15 *(H. hortensis)*.

Le péristome, comme chez l'*Helix nemoralis*, peut être noir ou d'un brun très foncé, violacé, rose ou blanc; le plus souvent, il est blanc; mais il n'est pas rare de rencontrer des individus ayant un péristome noir ou une tache ombilicale colorée, au milieu d'une colonie dont tous les autres individus ont le péristome blanc et point de tache ombilicale. Mais ici, contrairement à ce que nous avons vu pour l'*Helix nemoralis*, ces individus ne constituent pas des colonies à proprement parler; ce sont des sujets isolés, plus ou moins rares, vivant au sein d'une colonie normale, et affectant exactement le même galbe, de telle sorte que par la fossilisation il serait absolument impossible de distinguer ces individus à péristome noir de ceux à péristome blanc.

Cette coloration du péristome peut s'observer chez un assez grand nombre de sous-variétés. Nous l'avons plus particulièrement constatée chez les sous-variétés suivantes : 123/45, jaune ou fauve ; 123/45 ; 103/45 ; 103/05 ; 003/05 ; 100/05, rose ou jaune ; 100/45, jaune ou fauve ; 003/45 jaune ou rose ; :::/::, rose ; enfin dans toutes les sous-variétés monochromes.

Comme l'a fort bien fait observer Müller, chez l'*Helix hortensis*, l'épiderme est toujours plus lisse, plus brillant, que chez l'*Helix nemoralis*, non point comme il le prétend parce que l'animal polit lui-même sa coquille, « *caute vero inquirens, vermem in poliendo superficiem testæ occupatissimum deprehendi,* » mais bien par suite de sa manière d'être normale. De même, on trouve plus fréquemment des *Helix hortensis* à test plus mince, même dans les pays calcaires, et à bandes plus souvent transparentes. Mais, comme nous l'avons dit, ce sont là des manières d'être secondaires, auquelles on doit attacher moins d'importance, puisqu'elles peuvent disparaître par la fossilisation du test.

Quelques auteurs, mais sans pouvoir à ce sujet donner des preuves bien précises, ont cru devoir prétendre que les *Helix nemoralis* à péristome blanc et les *Helix hortensis* à péristome coloré étaient le fruit du rapprochement d'un *Helix hortensis* avec un *Helix nemoralis*. Quant à nous, nous devons déclarer que nous n'avons jamais rencontré dans la nature ces deux formes accouplées ensemble ; bien mieux, pendant deux ans, nous avons essayé d'obtenir cet accouplement, et nous devons avouer que nous avons complètement échoué. Mais loin de nous de prétendre pour cela que l'on ne puisse pas y arriver.

Dans tous les cas, à ceux qui soutiennent cette théorie, nous nous bornerons à dire : Comment se fait-il que le même accouplement puisse donner tantôt des formes aussi volumineuses, comme celles des Hélices à péristome blanc affectant la taille et le galbe de l'*Helix nemoralis*, tantôt des formes à péristome noir ayant, au contraire, même taille et même galbe que l'*Helix hortensis*, et cela dans les mêmes pays, sur les mêmes terrains, en un mot, dans les mêmes conditions d'habitat? Nous leur signalerons des colonies soit d'*Helix hortensis*, soit d'*Helix nemoralis*, où toutes les coquilles ont absolument la même taille et le même galbe, et dont les péristomes sont tantôt blancs, tantôt noirs. Enfin nous leur indiquerons également des colonies où ces deux mêmes espèces vivent absolument loin l'une de l'autre, sans le moindre mélange, et où les péristomes sont également diversement colorés.

Il nous paraît bien plus logique d'admettre que, puisque dans une colonie donnée, d'une forme quelconque de coquille, il se produit dans la même portée des sujets monochromes, avec ou sans bandes, et ces bandes en nombre variable, il peut se produire également des sujets à péristome coloré tantôt d'une façon, tantôt d'une autre, par le seul fait d'un accident épidermique ; et de même qu'il existe des colonies où les individus monochromes ou à bandes dominent par le seul fait de la sélection, de même aussi, un mode de coloration normal ou anormal du péristome pourra, par la même raison, prendre plus de fixité, et se manifester chez un plus ou moins grand nombre de sujets de la colonie.

Une des raisons qui tendent bien à prouver qu'il existe une corrélation des plus directes entre la coloration des bandes d'une part, et celles du péristome et de la tache ombilicale, d'autre part, c'est que, aussi bien chez l'*Helix nemoralis* que chez l'*Helix hortensis*, presque toujours, lorsque les bandes sont transparentes, le péristome est blanc et la tache ombilicale fait défaut.

Enfin, au point de vue anatomique, en dehors même des différences constitutionnelles qui existent dans les organes génitaux de ces deux espèces, il est à remarquer que, vu la différence de taille, l'acte de l'accouplement par lui-même doit présenter de réelles difficultés. Il serait tout au plus possible, entre un *Helix nemoralis*, var. *minor*, et un *Helix hortensis*, var. *major*.

On sait, du reste, que dans la nature, toutes les fois que des êtres d'une même espèce, mais de taille ou d'allure différente, sont réunis, les accouplements ont toujours lieu entre les sujets les plus semblables entre eux ; les formes dissemblables ne se recherchent pas chez les êtres bisexués.

Si donc, dans une colonie en voie de formation, il y a eu mélange d'*Helix nemoralis* et d'*Helix hortensis*, les accouplements se feront toujours de préférence entre les *Helix nemoralis*, d'une part, et entre les *Helix hortensis*, d'autre part ; dès lors leurs descendants conserveront ainsi les caractères de la forme ancestrale.

Habitat. — De même que l'*Helix nemoralis*, l'*Helix hortensis* vit à peu près dans toute la France, mais dans des conditions un peu différentes. Contrairement à l'*Helix nemoralis*, il est plus répandu dans le nord, l'est et le centre, que dans l'ouest et surtout que dans le midi. C'est une forme plus montagnarde. Si on le retrouve en colonies populeuses dans la région des plaines basses et des vallées, c'est par suite d'une acclimatation; on le rencontre alors surtout au bord des cours d'eau qui ont servi de véhicule aux premiers auteurs de la colonie. Son altitude normale paraît être entre 500 et 1.200 mètres. Dans ces conditions, les formes individuelles prennent plus de régularité et plus de constance.

Il vit en colonies parfois très populeuses, tantôt avec l'*Helix nemoralis* tantôt loin de lui. Dans le premier cas, surtout lorsqu'il s'agit de colonies déjà anciennes, chez lesquelles, par conséquent, les formes ont acquis une certaine fixité, il arrive souvent que les deux espèces sont parfaitement distinctes, sans que l'on observe une seule forme intermédiaire. De tels faits s'observent très fréquemment surtout dans les régions montagneuses. Mais si, au contraire, les colonies sont en voie de formation, on peut trouver non pas des formes de passage, mais des *Helix nemoralis minor* vivant avec des *Helix nemoralis* normaux, mélangés ou associés à des *Helix hortensis major* vivant également avec des *Helix hortensis* types, et toujours sans que l'accouplement des deux espèces soit démontrée.

Origine. — Avec les données actuelles des sciences paléontologiques, nous ne pouvons pas dire lequel est le plus ancien de l'*Helix nemoralis* ou de l'*Helix hortensis*. Tous deux sont connus à l'époque des dépôts du pleistocène moyen du Wurtemberg. Mais en France, il semblerait que l'apparition de l'*Helix nemoralis* a précédé celle de l'*Helix hortensis*.

HELIX SUBAUSTRIACA, Bourguignat

Helix subaustriaca, BOURGUIGNAT. — LOCARD. 1880. *Prodr. malac. franç.*, p. 58.

RAPPORTS ET DIFFÉRENCES. — Ainsi que l'a très bien fait observer M. Bourguignat, l'*Helix subaustriaca* est une forme constante, intermédiaire entre l'*Helix Vindobonensis* d'Autriche, et l'*Helix nemoralis*.

« L'*Helix subaustriaca*, dit M. Bourguignat, se distingue de la *Vindobonensis* par sa spire moins élevée, non conoïde ; par son test plus brillant, un peu plus grossièrement strié ; par ses tours moins convexes ; par son dernier tour descendant plus brusquement à l'insertion du bord externe et offrant en dessous une surface peu striée, presque lisse et légèrement concave vers la région ombilicale ; par son ouverture plus transversalement allongée, à base plus rectiligne ; par son bord externe, ne présentant pas, comme chez la *Vindobonensis*, vers le point d'insertion, un léger contour en forme d'avant-toit, mais une direction droite et régulière, comme chez les *nemoralis*.

Mais les caractères qui distinguent surtout la *subaustriaca* de la *Vindobonensis* sont ceux de son bord columellaire. Chez la *subaustriaca*, le bord columellaire (qui forme la base de l'ouverture) descend obliquement presque en ligne droite jusqu'à la base externe en présentant un bord émoussé, légèrement calleux. A cette extrémité, le bord columellaire devient subitement patulescent. Or, chez la *Vindobonensis*, le bord columellaire, très court, devient patulescent à moitié de sa longueur. En un mot, je ne puis mieux caractériser la *subaustriaca* qu'en disant que c'est une *Vindobonensis* à spire déprimée, possédant un bord columellaire de *nemoralis*. »

Comparé à l'*Helix nemoralis*, on voit qu'il en diffère :

1° Par *ses stries ;* puisqu'en effet, l'*Helix subaustriaca* est déjà plus fortement strié en dessus que l'*Helix Vindobonensis*, quoique restant lisse en dessous, ces stries étant toujours persistantes après la chute de l'épiderme.

2° Par la *forme de son ouverture ;* celle-ci est plus arrondie, et rappelle davantage celle de l'*Helix Vindobonensis* ou de l'*H. sylvatica ;* dans sa diagnose, M. Bourguignat l'a ainsi définie : *apertura obliqua, lunata, semiovata, inferne oblique retiuscula, externe (e insertione labri usque ad marginem columellarem) exacte rotundata.*

3° Par son *galbe plus globuleux;* sans être une forme à spire élevée, au galbe conoïde, l'*Helix subaustriaca* a une allure générale plus globuleuse que la plupart des *Helix nemoralis ;* en cela, il se rapproche des *Helix sylvatica* et *H. hortensis*; mais sa taille est toujours plus forte que les var. *major* de cette dernière espèce.

4° Par la *forme de son dernier tour ;* celui-ci est toujours plus arrondi, surtout à son extrémité ; sa section verticale est moins elliptique ; en même temps, il affecte dans cette même partie une allure plus descendante que chez l'*Helix nemoralis*, etc.

Variations. — La plupart des individus que nous avons examinés présentent peu de variations, ou du moins celles-ci semblent-elles plus particulièrement individuelles. C'est toujours une coquille de grande taille, affectant un galbe constant. Nous avons cependant reçu de Suisse, des individus de taille un peu plus petite, ayant bien le galbe de l'*Helix subaustriaca*, mais chez lesquels les stries n'étaient point aussi accentuées. Ce n'est là probablement qu'une simple variété.

Habitat. — L'*Helix subaustriaca* est encore une forme peu connue, mais qui paraît localisée en France dans la partie méridionale des Alpes; elle vit en colonies peu populeuses et assez dispersées, et le plus ordinairement à une altitude supérieure à 1.000 mètres. Nous la connaissons dans l'Isère, la Savoie, la Haute-Savoie, les Basses-Alpes et les Alpes-Maritimes.

Cette espèce n'a pas encore été signalée à l'état fossile.

HELIX SYLVATICA, Draparnaud

Helix sylvatica, Draparnaud. — Locard, 1880. *Prodr. malac. franç.*, p. 58.

Observations. — Nous avons fort peu de choses à dire au sujet de l'*Helix sylvatica*. C'est aujourd'hui une forme bien définie, bien connue, que tout naturaliste sait distinguer des autres formes de ce même groupe. Nous ferons cependant observer que lorsque Draparnaud a créé son type dans son *Tableaux des mollusques* (1), il a donné l'*Helix sylvatica* comme étant plus grand que l'*Helix nemoralis*.

(1) Draparnaud, 1800. *Tableau des mollusques*, p. 80.

Plus tard, dans son *Histoire des mollusques* (1), il représente une coquille de très grande taille. Un tel fait provient de ce qu'il a reçu son type de la Drôme, d'où il lui avait été envoyé de Crest, où habitait son ami Faure-Biguet, et que précisément dans la Drôme l'*Helix sylvatica* atteint une très grande taille.

Mais à mesure que l'on remonte en altitude, cette même coquille devient de plus en plus petite, comme le montre le tableau suivant·

SOUS-VARIÉTÉS	LOCALITÉS	HAUTEUR	DIAMÈTRE
Inornata	Saint-Nazaire (Drôme)	18,50	26,50
Punctato-fasciata	Salins (Savoie)	16,25	22,50
Lactea	Volognat (Ain)	14,25	19,25
Punctato-fasciata	La Grande-Chartreuse (Isère)	13,00	18,75
Punctato-fasciata	La Grande-Chartreuse (Isère)	11,00	15,75

En présence d'un tel polymorphisme, on voit qu'il existe des individus dont la taille passe depuis celle de l'*Helix hortensis* jusqu'à celle de l'*Helix nemoralis*.

Le péristome, au point de vue de la coloration présente les mêmes variations que celui des *Helix nemoralis* et *H. hortensis*, Draparnaud assigne à cette coquille un péristome d'un brun-violet au bord, et garni en dedans d'un bourrelet blanc. On trouve très souvent des colonies à péristome rose et d'autres à péristome blanc. Nous l'avons observé dans différentes colonies de l'Ain, de l'Isère et de la Savoie. Les coquilles à bandes transparentes notamment ont le péristome blanc..

Enfin, il est également à remarquer que cette coquille, quoique ornée de cinq bandes tout comme les *Helix nemoralis* et *H. hortensis*, présente un bien moins grand nombre des sous-variétés que ces deux espèces. En outre, dans une même colonie, ces sous-variétés sont toujours beaucoup moins nombreuses.

Dans le type, les bandes supérieures sont toujours ponctuées ou flammulées ; si parfois elles sont continues, c'est tout à fait arnomalement et chez des individus isolés. Quant aux bandes inférieures, elles sont le plus souvent continues. Il est à remarquer que les coquilles à bandes soudées sont toujours beaucoup plus rares que chez les espèces précédentes ; mais elle constituent de véritables colonies.

(1) Draparnand, 1804. *Histoire des mollusques*, p. 93, pl. VI, fig. 1 et 2.

Habitat. — L'area géographique de l'*Helix sylvatica* est beaucoup moins étendu que celui des *Helix nemoralis* et *H. hortensis*. On le trouve surtout dans l'est, dans les Alpes et le Jura ; il passe également dans les Cévennes; on l'aurait retrouvé dans les Pyrénées-Orientales. Il vit accidentellement dans la région des plaines basses et des vallées, mais son véritable centre d'habitat est supérieur à 500 mètres d'altitude. Dans les Alpes, il remonte jusqu'à 2.000 mètres, au voisinage des glaciers. Là il est toujours de petite taille; ce n'est que dans la Drôme qu'il atteint de grandes dimensions.

Origine. — L'*Helix sylvatica* serait la forme la plus ancienne de ce groupe; il apparaît en Allemagne pour la première fois, dès les formations du pleistocène inférieur de Mosbach et de Cannstadt. On ne le voit en France et même en Suisse qu'à la fin du pleistocène moyen.

FIN

LYON. — IMPRIMERIE PITRAT AINÉ, RUE GENTIL, 4

Extrait des *Annales de la Société Linnéenne de Lyon*
tome XXIX, année 1882

www.ingramcontent.com/pod-product-compliance
Ingram Content Group UK Ltd.
Pitfield, Milton Keynes, MK11 3LW, UK
UKHW020535230726
13925UKWH00005B/2299

9 782013 577892